# 北海道のヒグマ問題

## 市街地になぜ出て来るのか 他

# 門崎允昭❖著

Dr.MASAAKI KADOSAKI

北海道出版企画センター

私が羆の調査で持参している「ホイッスルと鉈」
羆の居る山野では、ホイッスルと鉈は必需品です。

札幌市「芸術の森」の電気柵；この施設は札幌駅から南に約13km地点にある施設で、一部が羆の出没地になっている。この写真は2021年4月3日に撮影した状況である。

知床の19号番屋の電気柵（この写真は19号番屋（漁場）の状況である。この番屋は、北海道東部の知床半島北部の通称カムイワッカの滝から、林道を東に11㎞程行った地点にある。一帯はほぼ常時羆が跋渉しており、この写真はこの番屋に設置されている電気柵の状況である。

羆の母子の諸相

看板の前に立ち上がって居る母羆；子羆2頭の身体は母の身体に隠れて一部しか
見えない。

鹿の死体を喰う羆。

母熊の乳房、胸に2対4個と、下腹部に1対2個、の合計3対6個がある。授乳中ないし乳離れさせた母もその年は、人間の女性に似る。

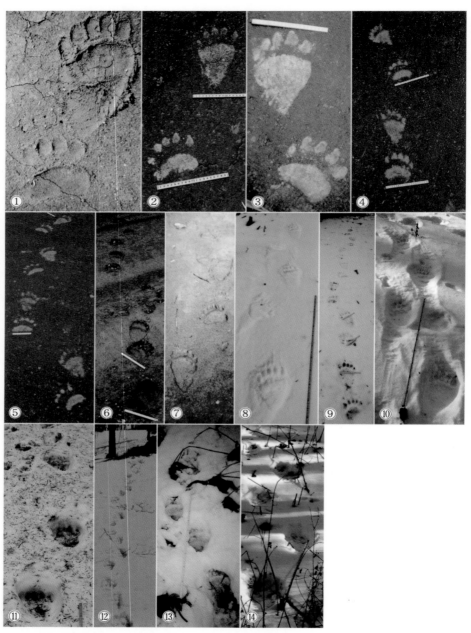

ヒグマの手足跡、①〜③右手足跡、④下2個は左手足跡である、⑤〜⑭常歩である

トドマツ樹面のヒグマの爪痕、①〜⑤新しい爪痕（多分3カ月以内）、⑥多分1年前の爪痕、⑦と⑧多分2年前の爪痕

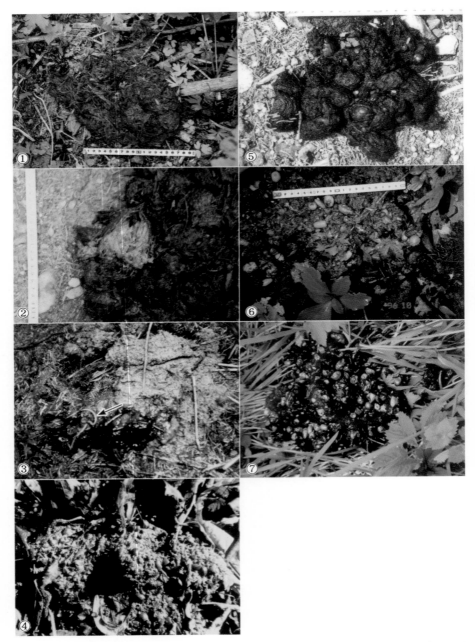

ヒグマの糞、①排泄直後のオオブキ主体の糞、②排泄2～3日後のオオブキ主体
の糞、③骨を食べた糞、左下に熊回虫（矢印）が見える。④ドングリ主体の排泄
間もない糞、⑤ドングリ主体の古い糞、⑥マタタビ主体の新しい糞、⑦高山性ナ
ナカマド主体の糞

①ヒグマに襲われた乳牛（北桧山町中川庄司氏撮）
②ヒグマに喰われた馬

穴の内部（内部から入口方向を見る）

穴の入り口（白矢印）

# 北海道のヒグマ問題　目次

## 北海道の羆問題は、次の４項目です

　①羆の生息地に山菜採り、遊山・登山、等に行って羆に襲われる……ホイッスルと鉈を持参すべきです。
　②羆が里や市街地出没して……住民に不安を与える・・一時的には電気柵・恒久的には有刺鉄線柵を張る事です。
　③放牧場、農地、果樹園、養魚場等での被害……一時的には電気柵・恒久的には有刺鉄線柵を張る事です。
　④僻地の農作地等での人身事故の予防策……一時的には電気柵・恒久的には有刺鉄線柵を張る事です。

＜電気柵と有刺鉄線柵の設置法＞
電気柵は本書の掲載写真を参照
有刺鉄線柵の設置法
地面から約20㎝上に一線を張る。
それから、約40㎝置きに、4線ないし5線を張る

　柵の設置の件で、私有地で了解が得られない場合は、その奥地に設置する等、柔軟に対応すべきである。
　ところで、羆の体毛を採取して、毛根に残存する細胞のDNAを分析し、個体識別する調査が道では2012年度から実施され、今年度（2023年度）の経費は1,038万円である。札幌市は調査開始年度は不明だが、今年度の経費は22万4千円である。この調査は「羆に依る人的経済的被害を予防すると言う観点から見れば、それと全く無縁の不必要な調査である。故にこの予算を、私は「柵」の設置に充当すべきであると、強く訴えたい。
　なお、この件に関する道の資料は「道のヒグマ対策室」主幹武田忠義氏、主査山本貴志氏、札幌市の資料は熊担当課長坂田一人氏から戴いた。

札幌芸術の森では、2013年から、羆が出て来る可能性がある5月〜11月の間、全長12kmにわたり、電気柵を張って、羆が園内に侵入するのを、完全に防いでいる事例がある。


# 野生を育む林野の現状


　①2015年時点の北海道森林面積は（北方領土を除外した全面積784万2千ha）の約71%、554万2千haであるが、針広混交林では無い人工林の樹林地が、全森林面積の27%程、148万9千ha占め（全道面積の約19%）、木部に水分が多く、自然乾燥では木材として利用し得ないカラマツの純林だけでも41万6千ha、全道面積の約5.3%もある（森林面積に関する数値は北海道森林管理局に2017年1月に問い合わせたものである）。

　②この森林を江戸期以前の自然豊かな混交林に戻すべきである。カラマツの純林だけでも、樹間を広く間伐し（間伐した材はその場に自然放置しても構わない「肥料となる」）陽光を入れ、他種樹木の自然導入や下草の繁殖を促し、野生動物が自活し得る環境の創出を大いに図るべきである。

　③河川管理は今では奥山でも砂防ダム（土砂が下流に流出するのを防ぐなど幾つかの定義がある）が無い沢を見つけるのが難しい程、何処かしこ無く多くのダムが造られ、いずれにしてもダムの上下流域の水棲生物はもとより岸辺の生態系をも狂わせているが、そのダムを撤去ないし一部V字型に割除し現状を是正し、河川の生物相も往古に戻すことである。流域の氾濫が危惧される河川では、人の生活圏での堤防強化（高く強靱に）を図る事である。北海道の国有林だけでも2015年時点で、総計1万1,969箇所ものダムがあり、知床世界遺産地だけで50基のダムがある。

　④そして、狩猟以外では、極力羆を殺さない　羆が増え北海道の大地が羆で埋め尽くされるような事は起こり得ない事は、松浦武四郎の記述で明らかである。

# 第1章　羆が居そうな場所に行く場合の注意

## ＜必ず「ホイッスルと鉈」を携帯する事です＞

「出没地」とは（羆が短期に使う場）、「生息地」とは（度々、ないし長期に使う場）を言います。羆が居そうな場所に行く場合には、必ず「ホイッスルと鉈」を持参し、自分が先に羆の存在に気づく様な歩き方をする事です。

ホイッスルは重さが約25ｇ程と軽く、音も強烈に響き渡る。これを時々吹き鳴らす事で、羆との遭遇を予防する事が出来ます。さら自分で吹き鳴らすと言う事で、常に羆の存在を意識し続けると言う効能もあります。

羆に襲われた場合の武器は、銃器以外では鉈が最適です。

その理由は羆が人を襲う場合、冬籠り穴から出た直後以外は、立ち上がって、人に抱き付く状態で、爪と歯で引っ掻き喰い着き襲い続ける事が多いのです。故に、柄が長い刃物や鉄棒や槍は、抱きつかれた場合には、武器の機能が発し得ないのです。

アイヌはその事を識って居て、羆に襲われた場合の事を常に思い、左腰に刃渡り30㎝程の「タシロ（先が尖った鉈に似た刃物）を、そして右手には（「マキリ」先が尖った短い鉈に似た刃物）を、山へ狩りに行くにも、川へ魚釣りに行くにも、人を訪ねるにも（隣家に行く場合も）、常に身に付けて歩いたと言う事です。

左右に刃物を振り分けて付けたのは、羆に萬が一、抱き着く状態で掛られても、左右いずれかの刃物を取り出し反撃し得る為だと言う。（萱野；アイヌの民具 P.25〜27）

ここで、襲い来る羆に柄の長い刃物や長さ1.3m（直径約3㎝）の鉄棒で、反撃し、羆に抱きつかれて、殺された例と重傷を負った例を紹介する。

## ①＜殺された事例＞

### ＜1976年12月2日に下川町で生じた事故＞

　営林署作業員の鷲見秀松さん54歳が、不覚にも羆の越冬穴上の樹を除伐した途端、1頭の羆が雪下から飛び出し襲い掛かってきた。鷲見さんは**刃渡り28㎝、柄長1.2m、重さ1.6kgの鉈鎌で反撃したが、羆に抱きつかれて頭部に致命傷を受け死亡した。**詳細は「門﨑允昭著；羆の実像；47頁参照」

## ②＜重傷の事例＞

### ＜松前町の事故2022年7月15日＞

　昼過ぎ（午後0時40分頃）に、渡島管内松前町白神で、夫婦で（福原誠章さん82歳と妻の春子さん（78））これまで、羆の出没がなかった山林に接した自宅の約50平方㍍程の畑で、突然出て来た羆に襲われたと言うもの。夫が襲い来る羆に対し、**長さ1.3m（直径約3㎝）の鉄棒で、反撃したところ、羆に抱きつかれて、羆に頭をかじられ、左目失明の重傷を受けたと言うもの。**

## ＜先ず、識って戴きたい事＞

　**羆は動物分類学ではライオン・トラと同じ食肉目（猛獣）です。故に羆も時に人を襲い食べる事があるのです。そう言う事も識った上で、羆に対応すべきなのです。**

　そこで**羆が人を襲い身体の一部でも食べた北海道での事例**を言いましょう。

　私の調査では、**1970年7月25日から2016年10月6日の47年間に、羆に人が襲われた事故が89件発生していて（次頁参照）、その内、身体の一部でも羆に食べられていたのが11件発生し、私は人を食う為に襲ったと結論づけましたが、これで、羆の居そうな場所に行く場合には、武器の携帯が必要な事がお分かりになったでしょう。**

表 U. arctos による人身事故の概要一覧（1970年〜2016年）

| 事件No. | 発生年月日 | 発生地 | 被害者の行動 | 被害者の性別・年齢・状況 | 加害グマ | 加害原因 | 人身の食痕の有無 |
|---|---|---|---|---|---|---|---|
| 1 | 70.7.25-27 | カムイエクウチカウシ山 | 登山 | 男18, 21, 23 3名死亡、2名生還 | 雌2歳6カ月齢 | 排除 | 食痕有 |
| 2 | 70.7.27 | 土別市 | 山林作業（下草刈） | 男75歳 1名負傷 | 雄3歳6カ月齢 | 排除（遭遇） | 無 |
| 3 | 70.12.5 | 八雲町 | 狩猟行為（深追） | 男49歳 1名死亡 | 雄（8歳） | 排除 | 無 |
| 4 | 71.11.4 | 滝上町 | 狩猟 | 男68歳 1名死亡 | 雄（10歳） | 排除 | 食痕有 |
| 5 | 72.4.6 | 美深町 | 狩猟 | 男41歳 1名負傷 | 雄4〜5歳 | 排除 | 無 |
| 6 | 73.5.2 | 当別町 | 狩猟 | 男55歳 1名負傷 | 雄成獣 | 排除 | 無 |
| 7 | 73.5.6 | 木古内町 | 遊山（山菜採り） | 男50歳 1名死亡 | 雄「若羆」 | 排除 | 無 |
| 8 | 73.9.17 | 厚沢部町 | 山林作業（筋刈） | 男45歳 1名死亡 | 母獣 | 食害 | 食痕有 |
| 9 | 74.5.30 | 上ノ国町 | 狩猟 | 男44歳 1名負傷 | 雌6歳 | 排除 | 無 |
| 10 | 74.8.15 | 留辺蘂町 | 狩猟 | 男46歳 1名負傷 | 「2歳」 | 排除 | 無 |
| 11 | 74.11.11 | 斜里町 | 狩猟 | 男37歳 1名死亡 | 雄14〜16歳 | 排除 | 無 |
| 12 | 75.4.8 | 長万部町 | 山林作業（毎木調査） | 男53歳 1名負傷 | （若羆）穴羆 | 排除 | 無 |
| 13 | 75.7.1 | 浦幌町 | 山林作業（下草刈） | 女40歳 1名負傷 | 「2歳」 | 排除（遭遇） | 無 |
| 14 | 76.6.4 | 千歳市 | 山林作業（伐採） | 男56歳 1名負傷 | 雌2歳4カ月齢 | 食害 | 無 |
| 15 | 76.6.5 | 千歳市 | 遊山（山菜採り） | 男53歳 1名負傷 | 上記と同一個体 | 食害 | 無 |
| 16 | 76.6.9 同上 | 千歳市 | 遊山（山菜採り） | 男58, 54歳 2名死亡 男26歳 1名負傷 | 〃 | 食害 | 1名に食痕有り |
| 17 | 76.12.2 | 下川町 | 山林作業（除伐） | 男54歳 1名死亡 | 母獣13歳穴羆 | 排除 | 無 |
| 18 | 77.3.31 | 三笠市 | 山林作業（毎木調査） | 男45歳 1名負傷 | 雄「若羆」 | 排除 | 無 |
| 19 | 77.4.7 | 滝上町 | 山林作業（除伐） | 男39歳 1名負傷 | 母獣穴羆 | 排除 | 無 |
| 20 | 77.5.27 | 大成町 | 遊山（山菜採り） | 男55歳 1名死亡 | 雌4歳8カ月齢 | 食害 | 食痕有 |
| 21 | 77.9.24 | 大成町 | 遊山（川魚釣り） | 男36歳 1名負傷 | 上記と同一個体 | 食害 | 食痕有 |
| 22 | 79.4.26 | 枝幸町 | 狩猟 | 男69歳 1名負傷 | 母獣穴羆 | 排除 | 無 |
| △23 | 79.6.14 | 富良野市 | 羆が直接原因ではない | | | [自損] | |
| 24 | 79.9.28 | 江差町 | 山林作業（下草刈） | 男79歳 1名負傷 | 「2歳」 | 排除 | 無 |

19

| No. | 年月日 | 場所 | 行動 | 性別・年齢 | 被害 | クマ | 結果 | 食痕 |
|---|---|---|---|---|---|---|---|---|
| 25 | 80. 2.25 | 佐呂間町 | 山林作業（除伐） | 男50歳 | 1名負傷 | 母獣・穴持 | 排除 | 無 |
| 26 | 80.10.27 | 羅臼町 | 狩猟 | 男57歳 | 1名負傷 | 母獣 | 排除 | 無 |
| 27 | 81. 5.15 | 穂別町 | 遊山（山菜採り） | 男45歳 | 1名負傷 | 母獣 | 排除（遭遇） | 無 |
| 28 | 81. 8.10 | えりも町 | 狩猟 | 男38歳 | 1名負傷 | 母獣 | 排除（遭遇） | 無 |
| 29 | 83. 5.19 | 置戸町 | 山林作業（測量） | 男34歳 | 1名死亡 | 雄「若獣」 | 斃れ | 無 |
| 30 | 83. 6. 4 | 島牧村 | 遊山（山菜採り） | 男48歳 | 1名負傷 | 「2歳」 | 斃れ | 無 |
| △31 | 83. 7.11 | 八雲町 | 山林作業（土木工事） | 男37歳 | 1名負傷 | （2歳） | ［自損］ | 無 |
| △32 | 84. 5. 5 | 滝上町 | 熊が直接原因ではない | | | | ［自損］ | 無 |
| 33 | 84. 8.30 | 広尾町 | 山林作業（調査） | 男49歳 | 1名負傷 | 母獣 | 排除（遭遇） | 無 |
| 34 | 85. 4.22 | 羅臼町 | 狩猟 | 男62歳 | 1名死亡 | 不明 | 排除 | 無 |
| 35 | 85. 7.16 | 福島町 | 畑作 | 女59歳 | 1名負傷 | 「2歳5カ月齢」 | 斃れ | 無 |
| 36 | 86. 8.30 | 斜里町 | 巡視（漁場） | 男59歳 | 1名負傷 | 母獣 | 排除（遭遇） | 無 |
| 37 | 89.11.15 | 広尾町 | 狩猟 | 男51歳 | 1名負傷 | 母獣 | 排除 | 無 |
| 38 | 89.11.24 | 弟子屈町 | 狩猟 | 男40歳 | 1名負傷 | 母獣 | 排除 | 無 |
| △39 | 90. 3. 7 | 芦別町 | 山林作業（毎木調査） | 男52歳 | 1名負傷 | 母獣・穴持 | ［自損］ | 無 |
| 40 | 90. 9.21 | 森町 | 遊山（キノコ採り） | 男75歳 | 1名死亡 | 雄2歳8カ月齢 | 食害 | 食痕有 |
| 41 | 90.10.21 | 上ノ国町 | 山仕事（五葉松採り） | 男85歳 | 1名死亡 | 「2歳」 | 排除 | 無 |
| 42 | 90.10.30 | 紋別市 | 狩猟 | 男54歳 | 1名負傷 | 母獣 | 排除 | 無 |
| 43 | 91. 5.12 | 上ノ国町 | 遊山（山菜採り） | 男58歳 | 1名負傷 | 「2歳」 | 斃れ | 無 |
| △44 | 92. 5.12 | 上ノ国町 | 遊山（山菜採り） | 男52歳 | 1名負傷 | 若獣 | ［自損］ | 無 |
| 45 | 92.11.17 | 遠軽町 | 山林作業（除伐） | 男54歳 | 1名負傷 | 「若獣」 | 排除（遭遇） | 無 |
| 46 | 93.10. 2 | 函館市 | 狩猟 | 男77歳 | 1名負傷 | 雄（14歳） | 排除 | 無 |
| 47 | 95. 2.13 | 紋別市 | 山林作業（除伐） | 男52歳 | 1名負傷 | 雌「若獣」・穴持 | 排除（遭遇） | 無 |
| 48 | 96. 6. 2 | 紋別市 | 遊山（山菜採り） | 男60歳 | 1名負傷 | 母獣 | 排除（遭遇） | 無 |
| 49 | 97. 8.24 | 滝上町 | 狩猟 | 男66歳 | 1名負傷 | 雄（7歳） | 斃れ | 無 |
| 50 | 98.11.23 | 白糠町 | 狩猟 | 男44歳 | 1名負傷 | 雄（7～8歳） | 排除 | 無 |
| 51 | 98.11.23 | 新得町 | 狩猟 | 男51歳 | 1名負傷 | 雌（成獣） | 排除 | 無 |
| 52 | 99. 5.10 | 木古内町 | 遊山（川魚釣り） | 女30,50歳 | 1名死亡 | 雄2歳3カ月齢 | 食害 | 食痕有 |
| 53 | 99. 5.11 | 木古内町 | 遊山（山菜採り） | 男47歳 | 2名負傷 | 上記と同一個体 | 排除 | 無 |

| No | 年月日 | 場所 | 行動 | 被害者 | 被害 | 熊 | 措置 | 食痕 |
|---|---|---|---|---|---|---|---|---|
| 54 | 99.10.10 | 登別市 | 遊山（山菜採り） | 男31歳 | 1名負傷 | 若熊 雄（3歳） | 排除（遭遇） | 無 |
| 55 | 99.10.31 | 音別町 | 狩猟 | 男64歳 | 1名負傷 | 雄（3歳） | 排除 | 無 |
| 56 | 99.12.19 | 紋別市 | 狩猟 | 男58歳 | 1名負傷 | 雄（6歳） | 排除 | 無 |
| 57 | 00. 4.23 | 上磯町 | 遊山（山菜採り） | 男68歳 | 1名無傷 | 「若熊」 | 威れ | 無 |
| 58 | 00. 6. 4 | 恵山町 | 山林作業（下草刈） | 男75歳 | 1名無傷 | 母獣 | 排除 | 無 |
| 59 | 00.11. 1 | 白糠町 | 狩猟 | 男60歳 | 1名負傷 | 母獣 | 排除 | 無 |
| 60 | 00.11.12 | 平取町 | 狩猟 | 男73歳 | 1名死亡 | 不明 | 排除 | 無 |
| 61 | 01. 4.18 | 白糠町 | 山菜採り | 女42歳 | 1名死亡 | 母獣 | 排除（遭遇） | 無 |
| 62 | 01. 4.30 | 遠別町 | 狩猟 | 男70歳 | 1名負傷 | 母獣 | 排除 | 無 |
| 63 | 01. 5. 6 | 札幌市 | 遊山（山菜採り） | 男53歳 | 1名死亡 | 雄8歳3カ月齢 | 食害 | 食痕有 |
| 64 | 01. 5.10 | 門別町 | 狩猟 | 男81歳 | 1名死亡 | （5～6歳） | 排除 | 無 |
| 65 | 02. 8.28 | 南富良野町 | 巡視（畑） | 男78歳 | 1名負傷 | 不明（6～7歳） | 排除 | 無 |
| 66 | 04.11.26 | 新冠町 | 狩猟 | 男67, 65歳 | 2名重傷 | 母獣 | 排除 | 無 |
| 67 | 05. 9.24 | 白糠町 | 遊山（山菜採り） | 男74歳 | 1名死亡 | 母獣 | 排除 | 無 |
| 68 | 05.10. 4 | 穂別町 | 狩猟 | 男71歳, 50代 | 2名重軽傷 | 単独か母獣（？） | 排除 | 無 |
| 69 | 06. 6.16 | 静内町 | 遊山（山菜採り） | 男53歳 | 1名死亡 | 不明（未捕獲） | 不明 | 無 |
| 70 | 06.10. 1 | 浦河町 | 遊山（山菜採り） | 男 | 1名負傷 | 母獣 | 排除 | 無 |
| 71 | 06.10.14 | 浜中町 | 狩猟 | 男62, 59歳 | 1名死亡、1名重傷 | 雄（成獣） | 排除 | 無 |
| 72 | 06.10.28 | 新十津川町 | 遊山（山菜採り） | 男 | 1名負傷 | 不明（未捕獲） | 排除 | 無 |
| 73 | 07. 8. 9 | 横似町 | 狩猟 | 男68歳 | 1名重傷 | 不明（未捕獲） | 排除 | 無 |
| 74 | 07.10.13 | 土別市 | 狩猟 | 男52歳 | 1名重傷 | 不明（未捕獲） | 排除 | 無 |
| 75 | 08. 4. 6 | 北斗市上磯 | 遊山（山菜採り） | 男50歳 | 1名死亡 | 雄（2～3歳） | 排除 | 無 |
| 76 | 08. 7.22 | 松前町 | 狩猟 | 男67歳 | 1名死亡 | 不明（未捕獲） | 排除 | 無 |
| 77 | 08. 9.17 | 標津町 | 鮭釣 | 男58 | 1名死亡 | 不明（未捕獲） | 排除 | 無 |
| 78 | 09. 9. 8 | 静内町 | 狩猟 | 男71歳 | 1名重傷 | 雄（成獣） | 排除 | 無 |
| 79 | 09.10.30 | 吉前町 | 散歩 | 男66歳 | 1名負傷 | 2歳9カ月齢 | 排除 | 無 |
| 80 | 10. 5.22 | むかわ町 | 遊山（山菜採り） | 男73歳 | 1名死亡 | 不明（未捕獲） | 不明 | 無 |
| 81 | 10. 6. 5 | 帯広市 | 遊山（山菜採り） | 女66歳 | 1名死亡 | 母獣 | 排除 | 無 |

| No. | 月日 | 場所 | 行動 | 被害者 | 熊 | | 食痕 |
|---|---|---|---|---|---|---|---|
| 82 | 10.12. 5 | 上川町 | 狩猟 | 男60歳 | 不明（未捕獲） | 排除 | 無 |
| 83 | 11. 4.16 | 上ノ国町 | 遊山（山菜採り） | 男63歳 | 不明（未捕獲） | 食害 | 食痕有 |
| 84 | 11. 8.24 | 遠軽町丸瀬布 | 狩猟 | 男61歳2人 | 雌約5歳 | 排除 | 食痕有 |
| 85 | 13. 4.16 | 瀬棚町良瑠石 | 遊山（山菜採り） | 女52歳 | 雄（成獣） | 食害 | 食痕有 |
| 86 | 13. 4.29 | 静内町西川 | 遊山（山菜採り） | 男53歳 | 不明（未捕獲） | 排除 | 無 |
| 87 | 13. 9.24 | 函館市女那川町 | 遊山（山菜採り） | 男62歳 | 母子（未捕獲） | 排除 | 無 |
| 88 | 13.10.14 | 福島町 | 狩猟 | 男58歳 | 雄2歳と言う | 排除 | 無 |
| 89 | 14. 4. 4 | 瀬棚町太田 | 遊山（山菜採り） | 女45歳、男60代 | 雄（成獣） | 不明 | 無 |
| 90 | 14.10. 1 | 滝上町 | 散歩 | 男76歳 | 母獣（未捕獲） | 排除 | 無 |
| 91 | 14.10.11 | 千歳市 | 遊山（山菜採り） | 男59歳 | 不明（未捕獲） | 排除 | 無 |
| 92 | 15. 1.26 | 標茶町 | 山林作業（枝打ち） | 男64歳 | 母獣（未捕獲） | 排除 | 無 |
| 93 | 15. 2. 2 | 厚岸町 | 山林作業（毎木調査） | 男74歳 | 単独（未捕獲） | 排除 | 無 |
| 94 | 16.10. 6 | 厚岸町 | 山林作業（毎木調査） | 男40歳 | 単独（未捕獲） | 排除 | 無 |

△印の事件（5件）は実際には熊は人を襲っておらず自損事故である（事件Nos. 23, 31, 32, 39, 44）。

事件番号黒と緑は一般人の事故（56件）、赤は猟師の事故（33件）である。

「」内の年齢は猟師による推定年齢で、猟師は高齢だが、状況からの推定年齢は不明だが、若い熊とは2歳代〜3歳代の熊のこと。実年齢はこれよりも若い場合がある。

括弧付き年齢は猟師による推定年齢で、正確な年齢は不明。若い熊とは2歳代〜3歳代の熊のこと。穴熊とは冬籠り中の熊のこと。事件Nos. (1, 4, 8, 16, 20, 21, 40, 52, 63, 83, 85)。

母獣とは子を連れた母熊のこと。食痕有、状況から熊に見る場合がある。被害者の身体に熊に喰われた痕がある。事件11件（Nos. 8, 14, 15, 16, 20, 21, 40, 52, 63, 83, 85）

襲った原因が「戯れ」4件（Nos. 30, 35, 43, 57）。「食害」11件（Nos. 8, 14, 15, 16, 20, 21, 40, 52, 63, 83, 85）

「排除」が原因は、「喰う為11件」「戯れの為4件」「原因不明3件」を除く37件が該当し、内10件で死亡。

一般人の死亡事故18件の中、武器を携帯していたのは33件（7「マサカリ小刀」、17「鉈鎌」、88「手鋸」）である。

一般人が生遇した事故35件（1「2人生遇」2, 12, 13, 14, 15, 18, 19, 24, 25, 27, 29, 30, 33, 35, 36, 43, 45, 47, 48, 53, 54, 57, 58, 65, 70, 72, 79, 86, 87, 89, 90, 91, 93, 94）。

この中武器携帯は12件（2, 12, 18, 24, 27, 43, 48, 57, 58, 86, 87, 89）、他は武器不携帯である。

また、熊が熊に驚いて逃げてきた事故は19件（1, 14, 15, 18, 24, 30, 43, 48, 53, 57, 58, 65, 87, 89, 90, 91, 92, 93, 94）、

被害者が熊を見て逃げて襲われた事故9件（2, 13, 27, 29, 33, 35, 36, 45, 54）である。他は不明で在る。

上記資料の出典は著者の次の報文による：北海道開拓記念館研究年報1号（1972）、7号（1979）、13号（1985）。

北海道開拓記念館調査報告4号（1973）、9号（1975）。森野生動物研究会誌18号（1991）、21号（1995）、25・26号（2000）。その他。

　私は単独で「鉈とホイッスル」を持ち羆の棲み場に50年間、北海道ばかりでなく、国外も含めて、羆の居る場所に通い幾頭もの羆に出会いました。私は調査目的で、羆が居るような現地に入った場合は、ホイッスルを吹きませんが、出会った羆の中には見るからに、不快さや、冷徹さそのものの顔相のものにも出会いました。

　私は常に羆に出会った場合には、多くの場合、羆に話し掛けるのです。そうすると、多くの個体は穏やかな顔相になります。しかし、中には冷徹さを変えないものも、居ますが、襲うそぶりをされた事はありません。

　時に、私に近づいて寄って来る事も有りましたが、そう言う場合は、「ホイホイホイホイ」言いながら、私は横に数メートル程、避ける事をするのですが、そのすると、羆は私を避ける様に、横にそれて通過して行く事が常でした。

　母子の中には、1歳未満（9月以降）の子が、好奇心から、母から離れて、直ぐ側まで寄って来る事があります。その場合、母羆はそ知らぬふりをしている。
　そんな時は、子熊に「来たら駄目」とどなり、さらに寄って来る場合は、子熊の側に小石を拾い、投げると、子熊はなぜと言う顔付きで、留まり、さらに小石を側に投げると、やっと顔を動かしながら、駄目かと言う顔付きで、母の元に戻って行く事が常態で、その間、母羆はそ知らぬ顔つきで、見て見ぬ振りをしているのが、常態でした。
　1歳未満の子羆にはそう言う一面もあるのです。

　要するに、何れにしても、ホイッスルと鉈を携帯していれば、羆を恐れる事はないのです。

# 第2章　羆に対する誤った対応：4事項

## ＜誤った対応：その1＞

　可能性も含めて、羆が居るような場所に、人が、羆に対する備え無く、無防備で入域するのは自殺行為です。

＜理由＞　羆は時に人を襲う事があるからです。その場合、羆には必ず人を襲うに当たって目的と理由があります。しかし、羆を恐れる事はないのです。

### ＜羆が人を襲う目的は、①食害　②排除　③戯れ、の3つです＞

　ここで、特に注意して戴きたい事は、羆は「人を襲い食べる」と言う「猛獣」の一面が有ると言う事です。
　ですから、そう言う認識で羆を見る事が必要なのです。
　その為には、武器の携帯（鉈が適切です）と、いざと言う時（襲って来た場合の）心構えが大事です。人も同じですが、羆の全身の体表面には痛覚神経が分布しているので、鉈などの刃物で反撃されると痛むので襲うのを止めるのです。ですから、鉈の携帯は欠かせません。

### 羆に襲われ殺された事例
### ＜襲い来る羆に素手では殺されます＞

　①1970年から2016年迄の47年間に、北海道で、猟師以外の一般人の死亡事故が18件ありますが、この中、武器になるを携帯していたのは3件（事故番号7「ナイフ」、17「鉈」、88「手鋸」）で、他の15件は素手で対応し殺されています。（19～22頁参照）

　②殺された事例として、写真家の星野道夫さんが、羆に襲われ素手で、対応し殺された喰われた事件の顛末を再現する。

　星野道夫さん（43歳）が、1996年8月8日にカムチャツカ南部のクリル湖畔でテントで単独で幕営中に、羆に夜襲され、殺される悲事があった。

　その場所には、私もその事件の3年前の1993年8月に、羆の研究でロシア人の友人2人と3人で14日間滞在した。そこには広さ6畳程の小屋が有り、私達はそこで寝泊まりした。その地域一帯は羆の多棲地であった。常に数頭の羆が、付近にたむろしていた。星野さんはは（8月）で、紅鮭が豊富な時期故、羆は人と襲う事は無いと言い、「熊除けガススプレーも有るから」と言い、小屋から3m程離れた地点にテントを張り、泊まったと言う。

　所が、8月8日の午前4時頃、星野さんは寝袋に入って居た状態で羆に襲われ殺され（寝袋が破られ羽毛が散乱していた）、**熊除けガススプレーは未使用の状態であった。**
　そこから150m程引きずられ、そこで身体の一部を喰われ、さらに250m程引ずられ、なおも、そこで身体を喰われて居たとある。羆はその後射殺されたが、**雄、体長2.5m、体重約250kg、推定年7〜8歳とある**（正確な年齢は歯のセメント層に形成される年輪を調べれば、分かるが、今回はその検査はしていない）。

　星野さんを襲った羆は、すぐに星野さんをテントから引きづり出し、筋肉部を食べたと報告書にあるから、**襲った原因は「星野さんを食うため」と見てよいだろう。**
　報告書には7、8歳の雄羆とある。私がロシアの友人からが聞いた情報では、その羆は銃で殺獲後ヘリコプターに吊るし州都への帰路の途中、山中に捨てたと言う。
　**私が思うに、羆の棲み処での幕営そのものには何ら問題はないが、星野さんは「羆の中には人を襲うものもいることを自覚し、そういう羆が襲って来る場合のことを想定し、武器（鉈など）を携帯すべきなのに」熊除けガススプレーを過信し、それを怠ったと言わざるを得ない。**
　TBSテレビ局の広報部資料には、星野さんは「この時季の羆は紅鮭が多く遡上し、**餌が豊富故、人を襲う事はないと言い」幕営したとあるが、「羆が人を襲い喰う事と、自然の餌の多寡には相関性がなく、餌が豊富だから人を襲わない」と言う考えは誤りであると言う事です。**

## ＜誤った対応：その2＞

　世間では、ラジオを鳴らしたり、鈴を鳴らしながら歩くと良いと、言われていますが、それを言う人は、羆の生態と羆が生活に利用している北海道の自然が如何なる場か、その真実を識らない妄言であり、そして、それを言い続けて居る中は、羆に依る人身事故は無くせないと私は見ています。

　ラジオや鈴の音は、風の強い日や、川の流れが強い場所では、その音は聞こえません。また、音を出して居るから、羆に遭遇しないだろうと、勝手な解釈で、辺りを充分に警戒せずに進み、羆に遭遇し、襲われると言う事態もあり得るからです。

## ＜誤った対応：その3＞

　「羆が出て来る可能性がある山間部では、平時からラジオを鳴らすなど人の存在を知らせる事が重要だ」と北大獣医学部の坪田敏男教授は促すとある（北海道新聞2022年11月4日版）。正に、この発言は誤りである。理由は、1940年代後半から1990年代まで、作物の食害を防ぐ為に、強烈な音が出るカーバイトを使った「八木式爆音器」と言うのが、使われていたが、羆はそこに己を害する人（銃を持った「時には銃を構えた」猟師）が居ない事を知ると、爆音器で音が出ていても、平然と作物を食い続けた事からも言える。羆は火も音響も恐れない。恐れ警戒するのは、銃を持った猟師に対してだけである。要するに、羆は学習するのである。

カーバイトを使った八木式爆音機（全長1m程）

## ＜誤った対応：その4＞
### ＜熊除けガススプレー＞

　①これは、アメリカで、犯罪者対策で開発された物で、唐辛子の主成分を主成分とするもの。その製品の一例を言えば、形状は円柱状で幅5㎝、全長25㎝、重さ460ｇ程で、ある。

### ＜不適で有る理由＞

①これは本気で「人を排除ないし喰う目的で襲い来る羆には通用しない。但し、人を襲う事に躊躇しながら、襲って来た場合には有効である。（理由は、羆の顔面にガスを噴射し、そのガスが羆の顔面に当たっていても、その影響は羆に即刻には現れず、羆は顔面にガスが噴射されている最中でも、また噴射された後でも、平気で人を襲い続ける事が出来るのです。それを、承知の上で、使用するのは、本人の勝手であるが、私は推奨しない。

②さらに、人が、このガスを、少しでも吸ったら、その人は呼吸が出来なくなり、肌にガスが僅か付着しただけで、皮膚が炎症を起こし、目に入ったら、目を開けていられない、そう言う、しろものである。と言う事。故に私は推奨しない。

### ＜被害の防止＞

羆に襲われないための方法、および万が一襲われた場合に、被害を最小限に食い止める方策として、羆の棲場に立ち入る人は、先にも言いましたが、「ホイッスル（サイズは4cm程、重さ20g程）と刃渡り23cm程の先が尖った鉈を」、必ず携帯すべきです。

### ＜実際の行動＞

①常に辺りに気を配り、羆に己が見つけられる前に、自分が先に羆を見つける様な、歩き方、進み方をする事。

②時々、ホイッスルを吹く。先にも言いましたが、ホイッスルは軽く、音も遠方まで、届く、これで、羆との遭遇は回避できる。ホイッスルは、音を出すために吹かねばと言う自覚で、常に羆を意識し続ける効用がある。

ラジオ等、音が出っぱなしの物は、辺りの異変に気づき難いので、注意すべきです。

小型の鈴は効用有るが、風上や沢沿いでは、音が聞こえ無いし、鈴を付け鳴らしている事で安心し、羆への警戒心がうすれ、辺りへの気配りが失われる事があり、注意が必要です。

③そして、羆と遭遇した場合は、羆に話し掛ける事です。

④羆がどうしても、離れて行かない場合は、普通の声で、話掛けながら、自分が羆から離れる事です。羆を迂回して、通り過ぎる等する。

⑤羆が自分の方に寄って来た場合のも、ダメダメ・来るな等と言いながら、羆から離れる事。羆を迂回して、通り過ぎる等する。

⑥どうしても、羆が執拗に自分に向かって来る場合は、襲い来る可能性を、覚悟し、鉈を手に握り（手から鉈が外れないように、紐を輪にして、鉈の握りに付けて置くと良い）、勇猛心で、全身を奮い立たせ、羆が掛って来たら、羆の身体でも、頭部でも、手でもで、羆のどの部位でも良いから叩き付ける事です。

羆の身体には全身に痛覚神経があるから、何処を叩いても、羆は痛さを感じ、攻撃を止め、離れる（過去事例による）。

＜襲い来るものに対しては、武器（鉈で）で反撃すべきなのです。無抵抗はひどい場合は殺されます＞

これは、人対人は勿論、獣などに依る攻撃から、我が身を守る共通した総ての場合の、基本原理鉄則です。
象使いが「鉤棒」を持ち、猛獣が居る原住民が蛮刀や槍を持ち歩くのも、経験から身を守るための用心の為です。
鉈で襲い来る羆に反撃すれば、返って被害が甚大になると、想像で反論する者が居るが、過去の事例の検証では、そのような例は全く無く、杞憂に過ぎない。
それよりも、猟師以外の一般人で、羆に襲われて、落命している者は、素手で対抗し、落命しているのが現実です。

羆は撃ち損じた猟師を襲うが、その場合、刃物で反撃しない限り、猟師が落命するまで、顔面を鉄砲と見、顔面を集中的に攻撃し、死に至らしめ

る事が殆どです。

　**羆は一瞬にして、人の顔を識別記憶する知力に長けた種です。**それは、手負いにした羆を後日、撃った猟師を交えて、討ち獲りに行くと、潜んでいたその羆が、飛び出て来て、撃った猟師を選択的に襲う事例が多いことからうなずけます。
　**私は既に50年以上多くの場合単独で、羆が居る北海道の山野を調査で跋渉していますが、その経験から、皆さんに、羆対策として推奨したい手法を言いますと。**

　**幾度も言っていますが、ホイッスルと鉈を携帯し。**
　①**羆に自分が見つけられる前に、自分が先に羆の存在に気づくような歩き方をする。**
　②**10数分に一度、2、3回吹きながら（山中に響き渡る）進む。**
　③**見通しの悪い林地や草丈の高い場所や、沢や川の曲がり分では、一度立ち止まり、付近やこれから進み行く場所をよく見渡し、警戒して、羆の存在の有無を確認しながら、進む。**
　④**羆との距離が30m以内で、羆と出会った場合には、立止まって、羆に向かって「ホイホイ」と幾度か、声を掛けると良い。すると、羆は人の存在に気づき、遭遇に依るトラブルが回避し得る。**
　⑤**林道等で、羆の進路を塞ぐ状態で、人が羆と遭遇した場合も同様にする。**

## ＜2021年に発生した人身事故＞
　道内で、**猟師以外の一般人の人身事故が6件発生しています。その内訳は、山菜採りと遊山での事故が各1件で、いずれも被害者は、殺されました。**
　先ず、4月10日に、厚岸町トコタンで、山菜採り（アイヌネギ採り）の男性が、見通しの悪い斜面を下から、上に向かって上がっていて、母羆に遭遇し、殺されたと言うもので、刃物は携帯していなかったと言う事です。鉈を持っていて、反撃していれば、殺されずに、生還し得た可能性があったと、私（門崎）はみています。

　遊山中の事故は、本州から来た単独の女性が7月12日に、滝上町浮島湿

29

原の遊歩道で、羆により襲われ（羆により襲われと、断定したのは、その女性の身体の損傷状況から、判断したと言う事です）、で、死亡しているのがみつかったと言う事故です。羆がいる環境に、不用意に入った事が、まずかったと言う事です。

　他に、**山林で作業中の事故が1件有りましたが、**それは、6月14日の、11時45分頃、厚岸町の国有林に、測量に入った67歳の男性が、突然羆に襲われ掛けたが、大声でわめき立てたら、羆は直ぐに、逃げたと言うもので、これは、羆が不意に人と遭遇し、驚いた事によるもので、事前に、人が大声を出すなり、笛を吹く等していれば、防ぎ得た事例です。

　他に、**畑作業中の事故が2件発生していて、**その内の1件は、7月2日に、福島町で、一人で畑に行き、熊に襲われ、身体の大部分を喰われたと言う件です。これも、元気な人ならば、鉈で反撃していれば殺さずに生還し得たと私は見ています。

　しかし、この現場は羆の生息地に接した環境で有る事から、本来、山林と畑との境界に、公費で有刺鉄線柵を設置しておくべきで、それを怠って居た事が最大の原因だと、私は見て居ます。

　**他の一件は、8月7日に、津別町で畑に、草刈りに入った母と娘が、羆に遭遇し、転んで負傷したという事故。**この場合は、羆は人に手を出していませんので、厳格には、羆事故から、除外すべきものです。

　しかし、この件は、畑に入る前に、2、3度大声を出すなり、何かで、自然に無い音を、立てていれば、防ぎ得た事故だと、私は見て居ます。

## ＜2022年に発生した人身事故＞
　**3件発生しています。**
　①道新の記事によると、3月31日午後2時半頃に、札幌市西部の三角山（311ｍ）で、熊穴調査中の、男性2人（47才、58才）、が、穴の中を、覗き込んだら、母熊が見えたので、**熊除けガススプレイを、母熊目がけて、噴射したら、母羆に逆襲され、一人は頭を噛まれ、他の一人は腕を噛まれ**たとある。**本気で襲い来る熊には。熊除けガススプレイは無力であると言う事です。**

②**滝上町**での猟師の事故で。**2022年7月5日午後6時10分頃、同町茂瀬**モセで、男性2名で、熊猟中に、山田文夫さん68歳が羆を銃で撃ったが、熊が手負いとなり襲って来て、顔面を手の爪で引っ掻かれたが、他の猟師が熊を撃ち殺し、難を逃れたと言う。熊は推定年齢4歳、体長1m、体重70kgと言う。

③7月15日昼過ぎ（午後0時40分頃）に、渡島管内松前町白神で、夫婦（福原誠章さん82歳と妻の春子さん（78））これまで、羆の出没がなかった山林に接した自宅の約50㎡程の畑で、突然出て来た羆に襲われたと言うもの。しゃがんで草取りしていた妻が熊に気づき、逃げようとして、転んだ所に熊が脱兎の如く来て、腕と片目を含む前頭部に重傷。妻の悲鳴を聞きつけて、夫が長さ1.3m（直径約3㎝）の鉄棒で、で反撃したところ、羆に抱きつかれて、羆に頭をかじられ、左目失明の重傷を受けた。反撃に使用した鉄棒が長さ1.3m程と、長いので、かえって羆に抱きつかれて、左目失明の被害を受けた。

## ＜2023年に発生した人身事故＞
**7月末時点で2件発生しています。**
①4月1日午前9時25分頃、千葉遥さん37歳が犬2頭を連れて、厚岸町太田の郊外を散歩中に、突然、羆が出て来て、身体のあちこちを、傷を受けたと言う。

②として、道北の朱鞠内湖の湖岸で、釣りに来ていた西川俊宏さん54歳が、羆に襲われ殺され、身体の多くを食べられたと言う事故である。羆は西川さんを襲って、直ぐに身体を食害している事から、最初から、食べる目的に襲ったものである。

私は鉈を持って居て、反撃していれば、殺されずに生還し得た事象と見ている。

襲った羆は道のヒグマ対策室主幹の武田忠義さんに依ると、体長162㎝、体重は推定120kg、歯の年輪検査で3歳の雄、手足の最大横幅は14.5㎝だと言う。

# 第3章　羆が市街地に出て来るに至った経緯と、その出没阻止対策

　1875年（明治8年）から羆は発砲すると強烈な爆発音がする銃器で、殺す事を始めたのだが、時と共に市街地に出て来るような羆をほぼ駆除した結果、90年後の1965年（昭和40年）以降、羆は市街地に出て来なくなった。

　羆を撃ち殺す銃（鉄砲）は、散弾銃とライフル銃の2種類ありますが、いずれも、発砲すると、耳をつんざく強烈な爆発音がします。（狩猟では銃に、消音装置を付ける事は禁止していますから）、それで、発砲するとこの強烈な音がする銃で撃たれる事を、羆は非常に恐れる。

　例えば、鉄砲で撃たれたが、致命傷にならず生き延びた羆は、その場所に、もう出て来なくなる。それが雌の場合、後に子を得て母羆となった場合、その母羆はそのような場所を避けて出て来ませんから、その母から自立した若羆（母から自立した年の子の呼称）も、そのような場所に必然的に出て来ません。こう言う状態が全道的に1965年から2009年迄44年間、続いた結果として、人里や市街地に、1965年から2009年迄44年間、全道的に、羆が人里や市街地に出て来なかった理由です。

　ところが、2000年前後から、市街地に接する里山に羆が出現しだし、特に札幌圏は、西部地域に羆が棲む広大な山岳森林地帯があることから、それがいち早く現れ出した。

　しかし、それらの羆を直接銃で撃ち殺すのではなく、檻罠を仕掛けて、罠に入ったものを銃殺する手法で駆除した。

　その結果、罠に入らなかった個体が、さらに、市街地に向かって、活動域を拡大し、札幌圏では2010年頃から、札幌市の西部地域の手稲平和、手稲福井、西野、盤渓、豊滝、簾舞、白川、藤野、常磐、石山、滝野、などに相次いで出没するようになり、そして、その翌年の2011年と翌々年の2012年には、札幌市の市街地の中心部に近い、円山、藻岩、川沿、真駒内に主として夜、出没するようになり、そしてさらに繁華街である南区

の電車通りにまで、夜、羆が出没し出すに至った。

　その後、**道内の他の地域でも経年的に出没地域がさらに拡大し、日中、市街地に接する山林に恒常的に出没し出し、年と共にそれが拡大傾向を呈し現在に至っている訳です。**

　**その対策には、羆を出て来させない為に、**

　度々出て来る場所には、そこを含めてその付近一帯に有刺鉄線柵を張る事です。また、**一時的な出没には、電気柵を一時的に設置し、再出を阻止するのが最善です。**

　**ぜひ、恒常的に、これらの抑止策を実施すべきでなのです。**

**＜羆が人里や市街地に出て来る目的理由＞**

　羆の行動には必ず「**目的と理由**」がある。そして、行動に当たっては、**行動規範**に基づいて行動している。

　**羆の出没目的は、**
　　①市街地周辺の道路を横断する目的で出て来る事が有る。
　　②使える場所なのか否かを、検証に出て来る事がある。
　　③農作物や果樹や養魚、その他、食べ物目当てに出て来る。
　　④その他、力のある個体に弱い個体が襲われて逃げ出る。
　　⑤子が里や市街地に出てしまい母が心配し出て来る。などがある。

　**羆が市街地や人里に出て来た場合、人が羆を追い詰めるなど、人為的にPanicにしなければ、人を襲う事は無い。この点、特に、羆対策をする関係者は、留意すべきである。**

　ここで**市街地に出て来た羆を人為的にpanicにして、羆が人を襲った、最近の事例を上げると、**

2021年6月18日（金曜日）に札幌市東区で、出没中の羆を人が追つめた結果、羆はpanic状態になり、4人を襲い怪我をさせたが、札幌市の熊対策の濱田敏裕課長によるとこの個体は雄で、年齢4才5カ月令（歯の年輪による）、体長161㎝、体重158㎏だと言う。

　その羆は、門﨑の見解では当別町の棲場から移動して来たもので当時石狩川左岸の羆目撃地から北東約7㎞地点の当別町で、羆の足跡が確認されて居るので（熊森協会の水見竜哉主任研究員が町役場の担当者に確認）、そこから来たものと私は看取している。

## その羆騒動の経緯を時系列で見ると以下の通りである

　①5月29日（土曜）、18：50頃、茨戸拓北（バラトタクホク）の茨戸川緑地の波連湖（ハレコ）の脇の茂みを1頭の羆が歩いて居るのを、川沿いの道から100m程離れたた場所を歩いていた市民が目撃し、通報した。

　②前記①から3日後の6月1日、①の付近で、羆の糞が確認された。糞の内容物は、総て草類であった（種類は不明との事。木の実は一切無しとの事）水見竜哉主任研究員が札幌市に確認後の談。＜市街地に向けての行動を開始＞

　③6月17日の晩から、本能的に人を避けて市街地に向けて行動を開始し、人と遭遇し難い箇所を移動して検分に出て、行動し、翌早朝（18日）の夜明け前に、根拠地に戻るべく、その方向に向かって、進んでいた途上に、人に姿を見られてしまい、騒がれ出し、追跡された事から興奮し、午前5：55頃から、遭遇した人を、襲い出し。**結果として、4人を襲い、重軽傷を負わせた。そして、その羆は銃殺駆除された。**

## ＜この間の羆の行動について＞

　この羆が翌朝（6月18日）午前3時過ぎまで、人に目撃されずに行動していたことから、この羆は人を避けて、行動しようとしていたことは、明白

である。出て来た元の場所に戻り始めた時刻が遅くなり、それで、人に目撃され出し、更に、人と遭遇し、大騒ぎになり、それでパニックとなり、我を忘れて、人に手を出し始めたもので有る。人が騒ぎパニック状態にさせなければ、人身事故は回避し得たと、私は確信している。羆は本能的に往路を感知し戻る能力を持していると、私は羆の生態調査から看取して居る。

　いずれにしても、**以下に述べる対応を、行政が、早期に適切に行っていれば、今回の騒動悲劇（被害者が出、その羆が殺された事）は回避し得たと私は看取して居る。**

　すなわち、5月29日に羆が目撃された時点で、**根城などを特定して、狭い範囲でよいから、根城一体をU字型に電気柵を張り、通電させて、その羆本来の元の棲み場に戻させる（戻る可能性はあった）を実施していれば、今回の事故は回避し得たと私は見るが、市も道も、そう言う対策を全く行っていない。**少なくとも、羆の動向を、その羆が元の本来の場所（当別町の山野）に戻るまで、追尾監視すべきなのに、全くそう言う事はしておらず、それを怠った事が、今回の最大の原因である。

### ＜今回の羆が当該地に出て来た目的＞

　己の本来の行動圏以外の場所に関心を持ち、探索に出て来たもので有ろう。現時点では、それ以外考え難い。行動に当たっては、人と遭遇しないように行動して居た事から、人と遭遇し、騒がれる前までは、正常な精神状態であった事は確実である。その後、不本意に人と遭遇し、騒がれた事から、パニック状態に陥り、今回の事故を生じさせたものである。そう考えるのが妥当である。

### ＜電波発信器装着での羆調査について＞

　**羆の生態（生活状態）調査と称し、目的とする羆（個体）の位置を容易に捕捉する為に、羆の首に幅5cmもあるバンドを着け、それに弁当箱ほど**

の重い電波発信機を常時一年も二年もあるいは死ぬまで着けっぱなしでの調査が、己さえ良ければ、対象生物に苦痛を与え続けても構わないと言う米国やカナダの研究者の真似をして、1977年から北海道でも北大の連中が主体となり羆調査の基本として為され、今も羆調査手法の本流として、知床などで広く多用され続けているが、この手法は検体個体に、本来身体に着いていない物を、着け続ける事で、甚大な負担を掛け続けていると言う点で、私はこの手法に反対である。

発信器を装着された羆

　本来身体に付随していない物を着ける事は、容積、重量に関わらず、負担になるものである。**生態調査の基本は対象個体に負担を課さない状態での実視観察が基本で、これに勝る方法は無い**と言いたい。任意の日時に検体を容易に捕捉し得ると言う事で、発信器を装着しているのだが、私から言わせれば邪道である。

　**何処にいるか分からない対象個体を、捜しながら山野を跋渉し、探し当てる事、そしてその過程で得られる地理的知見と他種生物に関する知見は、対象個体の生態と其の地域の生態系全体を吟味識る上で多量の示唆を与えて呉れるし、対象個体の心も分かって来る。**

　**野生動物の調査は、対象動物に負担を掛けず行うことが基本**である。ま

ず己の首ないし家族の者の首に同じ物（発信器）が常時一年も二年も着けられての日常生活を想像して見よと言いたい。そんな調査は、北海道で人と羆が共存するための調査としては不要である。まず、羆のあらゆる事象に関し、手間暇掛けて、検証調査を繰り返しなさいと言いたい。

　40年も前から羆の首に電波発信器を着けの調査が北海道で行われ続けているが、その結果から、何か人と羆の益となる事、例えば人身事故の防止策や人と羆の軋轢を減じる策など、何か発信器装着調査を行っている者から提起されているかと言えば、そう言う事は何一つ公表されていない。公表された事と言えば、「思ったより、羆の行動域は広かった」とか、「どこそこまで羆が移動していた」とか「何時の時季はどこそこを多用していたとか」、言う事ぐらいである。この程度の知見は発信器に頼らずとも、きめ細かい実視調査を為していれば分かる。今一度、発信器を着けられて居る動物達の心を思い返してみよ。

## ＜発信器装着で羆を苦悶死させた2事例＞

### ①朝日新聞1977年4月30日の、「発信器付けた熊が死んでいた」の記事

　北大天塩地方演習林長の滝川貞夫氏と同大ヒグマ研究グループの学生らが、冬眠中の明け3歳（満2歳3カ月令）の熊に、わが国で初めて無線発信機をつけるのに成功、冬眠が明けて動き出すのを待っていたが、この熊は雪どけの穴の中で死んでいた。いつまでたっても出てこない熊に対し不審に思った学生らが25日に穴をのぞいてわかった。札幌の北大獣医学部へ運んで解割したが、死因は栄養失調ぎみのところを冬眠からたたき起こし、麻酔を注射したためのショック死らしい。同研究グループは、2月14日、冬眠中の熊の穴を取り囲み、鉄製の檻の中に追い込んだ。当時の体重は38kg。母親から独立して初めて一人寝の冬を越したところ。5c.cの麻酔薬を注射し眠っている間に無線機を仕込んだ首輪をつけ、目印の黄色のペンキを背中に塗って再び穴に戻した。

　その後、この熊の行動を監視できる態勢をとっていたが、熊は、穴に戻されて4、5日で死んだらしい。麻酔薬で苦しんだとみえ口を開け、舌をかみ切っていた。早速他の熊を捜し再び発信器を着ける予定と言う記事。
＜門崎の批判＞冬籠り中の羆は代謝機能が低下しているので、麻酔は勿論、

発信器など絶対に装着すべきでないのに、己の好奇心を満たす事と初めて為すと言う衒いに駆られ為したと批判したい。「舌を咬み切る程の苦悶＝如何程七転八倒した事か、如何ほど無念であったか」。

## ②北海道新聞1992年4月30日の、「発信器付けた熊が括り罠に掛かり、死亡」の記事

網走管内斜里町内の知床国立公園で、昨年（1991）発信器つけて放した熊が前足に括り罠のワイヤが巻き付き、木にからまって宙づり状態のまま死んでいたと言う記事。

発見したのは同町知床自然センター研究員の山中正実さん（33歳）。熊は若いオスで昨年9月20日、山中正実さんが電波発信機を付けて放した。昨年10月末から位置が動かなくなり、冬眠した可能性もあるため、今月まで近づかなかったが、このほど電波を頼りに探し当てた。現場は斜里町幌別地区の知床横断道路から、約400mの広葉樹の町有林。ブドウ蔓に絡んだワイヤの先には前足の骨だけが残り、根元にばらばらになった頭骨や脊椎骨、熊の皮などが散らばっていた。ワイヤは骨がえぐれるほど深く食い込み、「かなり長期間もがいたらしい。自分で足を咬み切ろうとした跡もある」と山中さんは言う。現場から1kmほど離れた国立公園区域外の国有林と民有林には多数の括り罠が仕掛けられており、その罠に掛かり、そのワイヤを引きずって逃げて来て、ブドウを食べようとしたらしい。と言う内容。＜門崎の批判＞足を咬み切ろうとまで、精神的に追い詰めた行為、羆の心情になってみよと言いたい。全く許せない行為である。この羆はどれだけ精神的肉体的に苦悶し、山中を恨んで死んだ事か。羆が冬籠りを始めるのは、早い羆で11月中旬以降である。10月に、冬籠りを始めたとすれば、論文にし得る新知見の価値がある。なぜ、検証に行かなかったのか。行って発見し、麻酔し、ワイヤを外し得れば、救出し得た可能性もあったろうに。

## 北海道の羆の記述が有る古い書籍

①北海道銃猟案内　1892年　上代知新著；88頁

②札幌博物館案内　1910年　村田庄次郎；84頁

③熊　　　　　　　1911年　八田三郎著；89頁

## ④熊に斃れた人々　1947年　犬飼哲夫著；29頁

# 北海道の羆関係の変遷1869年から2023年迄

①1869, 7, 8 明治2年 蝦夷地の箱館に開拓使を設置し、以来開発が始まった。

②1869, 8, 15 蝦夷地を北海道と改称する

③1875, 12, 20 明治8年 函館県で、羆を害獣に指定する

　以来、民家に羆が日中侵入し、人を襲うと言う事件も発生した。

　　　　　　　　　犬飼・門﨑著『ヒグマ』1987年版 北海道新聞社刊 参照

④全道の「羆捕獲数一覧」は、明治6年（1873）からある。

　　　　　　　　　　　　　　　　　門﨑著『羆の実像』p.255〜6参照

　「人と家畜の被害数一覧」は、明治20年（1887）からある。

　　　　　　　　　　　　　　　　　　　　『羆の実像』p.257〜260参照

⑤1877, 9, 3・22 明治10年全道で羆を害獣に指定する。現在も継続中である。

⑥以来、発砲すると強烈な爆発音がする銃器で羆を殺し続けた結果、95年後の1964年9月9日に、平取町振内で小学5年生の女の子が羆に襲われての人身死亡事故を最後に、羆の生息地に接する僻地は別として、その翌年1965年以降、人里や市街地に羆が出て来る事は、下記の4例を除き、全道的に2010年迄（46年間）無かった。

　**出て来た4例とは**；①比布町で1993年12月4日に2才10カ月令♂の出現（力の有る個体に追われた「門崎の推論」）と、②斜里町で2010年10月18日母子（子は8カ月令の単子）の出没である。斜里の原因は、子が市街地に近づき過ぎパニックになり街中に出て来て、それを心配し母も出て来たと言う事象「門崎の推論」。2件とも羆は駆除殺された。

　**他の2件は何れも1986年の事**で、一つは南茅部町で夜に、ドアを開けて犬の餌が入った鍋を外に引き出し食べたと言うもので、大音量でステレオを鳴らしたら、羆は退散したと言うもの。他の1件は羅臼の件で、羆が台所の戸を開けて侵入し、食べ物を漁ったと言うもので、これは住人が喉が痛くなる大声で怒鳴ったら、その羆は外に出て行ったと言うもの。

犬飼・門﨑著『ヒグマ』1987年版 北海道新聞社刊 参照

**＜過去の「春羆駆除」制度の開始と中止の経緯＞**
　この制度は1962年6月29日と30日の十勝岳噴火の噴煙で、羆が道北と道東に移住し、以来、道北と道東で家畜の被害が多発した事から、①**1966年度（会計年度）から実施され、23年後の1989年5月末で、この制度を全面的に廃止した。**②この制度は、最初は、狩猟期が終了した2月1日から、雪消するまでの期間実施され、③1976年頃からは、3月15日から5月末日迄の75日間とし、④1987年からは、地域により、30日ないし40日間に短縮し、母子の捕獲を自粛するように改正をし、⑤1989年5月末で、この制度を全面的に廃止した。

　**羆が里や市街地に1965年以降、2010年迄46年間出て来なかった理由**
　**①羆は発砲するとバンと強烈な爆発音がする銃（散弾銃もライフル銃も強烈音がする）で、脅かされる事を非常に恐れる。銃で狙撃されて、幸い致命傷にならず生き延びた場合は、その後、銃を持った者を見ただけで避難するし、撃たれた場所やその付近には出て来なくなる。**
　**②これが雌で、後に子を得た場合、母羆はそのような場所を避けるから、母から自立した若羆（母から自立した年の子の呼称）も、そのような場所を警戒し避ける。これが里山であれば、以後その場所から先の人の生活圏には出て来なくなる。これが、里山で銃猟していた当時、羆が里に出て来なかった原因であり理由である。**

　要するに、「①強烈な爆発音がするそれ（銃）で、②殺戮されると言うこの2点」を恐れて出て来なかったのであり、**爆発音だけでは、羆は殺されない事を学習し、出て来る。**そのことは、1940年代後半から1990年代まで、作物の食害を防ぐ為に、強烈な音が出るカーバイトを使った**「八木式爆音器」**と言うのが、使われていたが、羆はそこに銃を持った人が居ない事を知ると、爆破音が出ていても、平然と作物を食い続けた事からも解る。
　羆は火も音響も恐れない。恐れるのは「爆発音がする銃器での殺戮」である。

その後、羆が里や市街地に出て来るようになった原因（理由）

　札幌市での事例を言えば、①従来銃で行って居た捕獲を檻罠での捕獲に変えた。その結果、銃殺されない事を知り、人里に羆が出始め出した。

　檻罠と言うのは、鉄製の檻に、その中に幾種類もの餌（猟師が関与していれば鹿肉その臓器、魚、リンゴ、家畜の飼料、蜂蜜などを入れて、羆を誘き寄せて）その罠に入った羆を銃で撃ち殺す方法である。

　結果として、罠に入らなかった羆の、行動範囲が、人里から市街地に向かって拡大し、最終的に市街地にまで出て来るようになった訳です。道内で、その傾向が、最初に、現れた市町村は何処かと言いますと、それは札幌市です。

　その理由は、全道的に見て、札幌市の、西部地域には羆が棲む広大な山岳森林地帯があるからです。

　札幌市管内では2010年頃から、夜に札幌市の西部地域の手稲平和、手稲福井、西野、盤渓、豊滝、簾舞、白川、藤野、常磐、石山、滝野、などに出没するようになり、そして、その翌年の2011年と翌々年の2012年には、札幌市の市街地の中心部に近い、円山、藻岩、川沿、真駒内に、そしてさらに繁華街である南区の電車通りにまで、夜、羆が出没しだし、以来。現在に至って居ると言う事です。


　出て来た4例とは；①比布町で1993年12月4日に2才10カ月令♂の出現（力の有る個体に追われた「門崎の推論」）のと、②斜里町で2010年10月18日に母子（子は8カ月令の単子）の出没である。斜里の原因は、子が市街地に近づき過ぎ panic になり街中に出て来て、それを心配し母も出て来たと言う事象「門崎の推論」。2件とも羆は駆除殺された。

　他の2件は何れも1986年の事で、一つは南茅部町で夜に。ドアを開けて犬の餌が入った鍋を外に引き出し食べたと言うもので、大音量でステレオを鳴らしたら、羆は退散したと言うもの。他の1件は羅臼の件で、羆が台所の戸を開けて侵入し、食べ物を漁ったと言うもので、これは住人が喉が痛くなる大声で怒鳴ったら、その羆は外に出て行ったと言うものです。

# 門崎　允昭　執筆論文目録

<ヒグマ U. arctos >
<1>ヒグマの歯のいわゆる年輪による年齢査定に関する研究（予報）、1972年、応用動物昆虫学会誌、16号、148-151．（共著）犬飼哲夫。（with English summary）
<2>滝上町のヒグマの被害について、1972年、北海道開拓記念館研究年報、1号、1-4。
（with English summary）
<3>士別市のヒグマの被害、1973年、北海道開拓記念館調査報告、4号、1-5。
（with English summary）
<4>ヒグマの歯の年輪形成時期および歯の種類による年輪数について、1974年、応用動物昆虫学会誌、18号、139-144．（共著）犬飼哲夫。（with English summary）
<5>斜里町におけるヒグマの被害の実態について、1975年、北海道開拓記念館調査報告、9号、27-33。（with English summary）
<6>北海道におけるヒグマの冬籠り穴について、1979年、哺乳動物学雑誌、第7巻5号、280-299、（共著）犬飼哲夫。（with English summary）
<7>北海道における近年のヒグマによるヒトの被害、1979年、北海道開拓記念館研究年報、7号、37-51．（共著）犬飼哲夫。（with English summary）
<8>北海道における近年の飼グマによるヒトの被害、1982年、北海道開拓記念館研究年報、10号、21-30．（共著）犬飼哲夫。（with English summary）
<9>北海道におけるヒグマの食性について、1983年、哺乳動物学雑誌、第9巻3号、116-127。（with English summary）
<10>北海道におけるヒグマの捕獲実態について（I）、1983年、北海道開拓記念館研究年報、11号、1-22、（共著）犬飼哲夫、畠山俊雄、尾張邦彦、富川徹、三上知也。（with English summary）
<11>北海道における野生雌ヒグマの繁殖年齢について、1984年、北海

道開拓記念館研究年報、12号、47-53。（with English summary）

＜12＞北海道におけるヒグマの捕獲実態について（II）、1985年、北海道開拓記念館研究年報、13号、55-84、（共著）犬飼哲夫、畠山俊雄、尾張邦彦。富川徹、三上知也、飯塚淳市。（with English summary）

＜13＞北海道における近年の野生ヒグマによる人身事故について（I）、1985年、北海道開拓記念館研究年報、13号、85-103．（共著）犬飼哲夫。（with English summary）

＜14＞ヒグマの越冬地での施業の安全対策、1990年、森林保護、220号、41-43。

＜15＞石北峠でのヒグマによるシカ捕殺例、1991年、上士幌町ひがし大雪博物館研究報告、13号、57-62、（共著）川辺百樹、田中康夫、田中年男、大出行秀。（with English summary）

＜16＞伐木地で越冬したヒグマの母子、1991年、森林保護、226号、46-47。（with English summary）

＜17＞野生ヒグマによる人身事故の防止対策、1991年、森林野生動物研究会誌、18号、50-66．（共著）河原淳。（with English summary）

＜18＞ヒグマによる樹木の被害、1995年、森林保護、248号、31-32。

＜19＞ヒグマの越冬地での人の安全対策、1995年、森林野生動物研究会誌、21号、23-29．（共著）河原淳、小澤良之。（with English summary）

＜20＞ヒグマの足跡から年齢や性別が分かるか、1996年、森林保護、255号、39-40。

＜21＞大雪山で発見された31歳雌ヒグマの遺体、1996年、森林野生動物研究会誌、22号、17-23．（共著）河原淳。（with English summary）

＜22＞北海道産ヒグマに寄生するマダニ類の年間動態、1996年、森林野生動物研究会誌、22号、29-42．（共著）小澤良之。（with English summary）

＜23＞1999年度に木古内町で発生した同一ヒグマによる人身事故2件、2000年、森林野生動物研究会誌、26号、65-70．（with English summary）

＜24＞2000年度に北海道で発生したヒグマによる人身事件4件、2001年、森林野生動物研究会誌、27号、17-19．（with English summary）

＜25＞2001年度に北海道で発生したヒグマによる人身事件4件、2002

年、森林野生動物研究会誌、28号、19-25.（with English summary）
＜26＞人とヒグマ．共存策、1988年、北方林業、vol.40、8号、10-13.
＜27＞動物遺存体(ヒグマ)について、1984年、千歳市文化財調査報告書、10号。

## ＜ツキノワグマ U. thibetanus ＞

＜1＞戸河内町でのツキノワグマによる人身事故1991年、森林野生動物研究会誌、18号、48-49.（共著）河原淳、江草真治。（with English summary）

＜2＞「門崎参与報文」鹿角市でのツキノワグマによる人身事故、1994年、森林野生動物研究会誌、20号、8-12、成田祥夫、河原淳。（with English summary）

＜3＞「門崎参与報文」広島市で捕殺されたツキノワグマ、1995年、森林野生動物研究会誌、21号、17-22.　江草真治、福本幸夫。（with English summary）

## ＜ヒグマとツキノワグマ＞

＜1＞日本産ヒグマとツキノワグマの頭蓋及び歯の比較形態学的研究、（I）犬歯及び後臼歯の歯冠部について、1986年、北海道開拓記念館研究年報、14号、31-44、（共著）河原淳、飯塚淳市、藤岡浩。（with English summary）

＜2＞日本産ヒグマとツキノワグマの頭蓋及び歯の比較形態学的研究、（II）切歯及び前臼歯の歯冠部について、1987年、北海道開拓記念館研究年報、15号、11-20、（共著）河原淳、飯塚淳市、藤岡浩。（with English summary）

＜3＞日本産ヒグマとツキノワグマの頭蓋及び歯の比較形態学的研究、（III）歯列長について、1988年、北海道開拓記念館研究年報、16号、13-38、（共著）河原淳、飯塚淳市、藤岡浩。（with English summary）

＜4＞日本産ヒグマとツキノワグマの頭蓋及び歯の比較形態学的研究、（IV）頭蓋について、1989年、北海道開拓記念館研究年報、17号、13-43、（共著）河原淳、飯塚淳市、藤岡浩。（with English summary）

＜5＞日本産ヒグマとツキノワグマの頭蓋及び歯の比較形態学的研究、

（V）頭蓋について（2）、1990年、北海道開拓記念館研究年報、18号、71-86、（共著）河原淳、飯塚淳市、藤岡浩。（with English summary）

＜6＞日本産ヒグマとツキノワグマの外部寄生虫（I）、1990年、森林野生動物研究会誌、17号、59-78.（共著）河原淳、江草真治、林光、若菜早月。（with English summary）

＜7＞日本産ヒグマとツキノワグマの外部寄生虫（II）、1993年、森林野生動物研究会誌、19号、24-41.（共著）小澤良之、河原淳。（with English summary）


## ＜熊類以外の哺乳類＞

＜1＞ノウサギ・キツネの生息密度と変動、1991年、森林野生動物研究会誌、18号、17-20.（共著）柴田義春、林知己夫、樋口輔三郎。（with English summary）

＜2＞秋田駒ヶ岳における ノウサギの生息状況（II）、1993年、森林野生動物研究会誌、19号、11-17.（共著）柴田義春、林知己夫、藤岡浩、樋口輔三郎。（with English summary）

＜3＞シカによるナキウサギの生息地の侵害、1996年、森林保護、256号、46-47。

＜4＞定山渓白井川地区で捕獲されたムクゲネズミ、1998年、森林保護、266号、31-32、（共著）稲毛　真。

＜5＞野幌森林公園でのアライグマによるアオサギの駆逐、1999年、森林保護、271号、23-24.（共著）李　宗鴻。

＜6＞野幌森林公園のアライグマ問題の補稿、1999年、森林保護、274号、47.

＜7＞ Sorex minutissimus の同定基準、2000年、森林野生動物研究会誌、25/26号、43-47.（共著）稲毛真、工藤晃央。（with English summary）

＜8＞エゾモモンガ Pteromys volans の痕跡、2001年、森林野生動物研究会誌、27号、27-33。（with English summary）

＜9＞コイボクシュシビチャリ川の標高320m 付近で捕獲した Crocidua dsinezumi、2002年、森林野生動物研究会誌、28号、8-11.（共著）小田島護、藤田弘志、山田芳樹。（with English summary）

＜10＞コイボクシュシビチャリ川沿いの標高320m から470m 間で捕獲

した Crocidua dsinezumi、2003年、森林野生動物研究会誌、29号、13-18.（共著）小田島護、藤田弘志、山田芳樹。（with English summary）
＜11＞北海道での Clethrionomys rex の従来の西限域を越えた新産地、2003年、森林野生動物研究会誌、29号、37-38.（共著）只野慶子。（with English summary）
＜12＞大雪山地域で捕獲されたトウキョウトガリネズミ Sorex minutissimus、2004年、森林野生動物研究会誌、30号、（共著）小田島護、山下茂明。（with English summary）

## ＜哺乳類・鳥類・爬虫類・両生類＞
＜1＞野幌丘陵とその周辺の自然と歴史、動物相の現況、哺乳類・鳥類・爬虫類・両生類、1981年、北海道開拓記念館調査報告、6号、25-38。（with English summary）
＜2＞積丹半島の動物相、哺乳類・爬虫類・両生類、1992年、北海道開拓記念館調査報告、12号、35-62。（with English summary）
＜3＞サハリンで採集した両生・爬虫類、1992年、北海道開拓記念館研究年報、20号、43-60.（共著）河原淳、Gorobet Biktor Yakobribiti。（with English summary）
＜4＞野幌森林公園での Hynobius retardatus と Rana pirica の産卵について、1997年、森林野生動物研究会誌、23号、18-24。（with English summary）
＜5＞サロベツ湿原のコモチカナヘビ、2000年、森林野生動物研究会誌、25/26号、65-70.（共著）稲毛真、工藤晃央、佐川志郎。（with English summary）

## ＜鳥類＞
＜1＞呼吸における気嚢の作用および肺・気嚢間の気流の経路に関する研究、1971年、日本鳥学会誌（鳥）、89号、6-33、（共著）三上紀明。（with English summary）
＜2＞ニワトリ・ホロホロ鳥・キジ・コウライキジ・インドクジャクとの比較観察に基づく七面鳥の気嚢の構造に関する研究、1971年、日本鳥学会誌（鳥）、89号、49-62。（with English summary）

＜3＞A preliminary study on the structure of lung-air sac system of loons、1975、日本鳥学会誌（鳥）、vol. 95/96、pp. 1-6。(English version only)

＜4＞Embryological study on the absence of posterior thoracic air sac of the turkey、1975、日本鳥学会誌(鳥)、vol. 97/98、pp. 1-8。(English version only)

＜5＞The lung-air sac system of the Gruidae、1976、日本鳥学会誌(鳥)、vol. 99、pp. 47-50。

（English version only）

＜6＞The lung-air sac system of the Strigidae、1977、日本鳥学会誌（Tori）、vol. 26、pp. 87-92。

（English version only）

＜7＞The lung-air sac system of the Ardeidae、1977、日本鳥学会誌（Tori）、vol. 27、pp. 45-50。

（English version only）


## ＜学位論文（農学博士）北海道大学＞

鳥類の肺及び気嚢の形態並びに機能に関する研究、530頁（with English summary）


## ＜主な著書及び共執筆著＞

＜1＞ヒグマ　①初版（353頁）1987年、②新版（365頁）1993年　③増補改訂版（377頁）、2000年、北海道新聞社刊　何れも犬飼哲夫先生との共著である。

＜2＞野生動物痕跡学事典（303頁）1996年、北海道出版企画センター刊

　　　著者が入院し、校正が不十分で、誤記が多いので、直ぐに絶版にした。

＜3＞アイヌの矢毒「トリカブト」（147頁）2002年、北海道出版企画センター刊

＜4＞鳥類学辞典（共執筆）（950頁）2004年、昭和堂刊

＜5＞野生動物調査痕跡学図鑑（495頁）2009年、北海道出版企画センター刊

＜6＞アイヌ民族と羆（274頁）2016年、北海道出版企画センター刊
＜7＞羆の実像（281頁）2019年、北海道出版企画センター刊
＜8＞ヒグマ大全（271頁）2020年、北海道新聞社刊

著者略歴　門崎　允昭（かどさき　まさあき）
　　　　　1938年10月22日 北海道帯広市生まれ
　　　　　帯広畜産大学 大学院 修士課程（獣医学）修了
　　　　　農学博士（北海道大学）、獣医学修士
　　　　　学位（博士）論文名
　　　　　「鳥類の肺及び気嚢の形態並びに機能に関する研究」
　　　　　現職：北海道野生動物研究所　所長


[主な著書及び共執筆著]
　　　『ヒグマ』初版（353頁）1987年、新版（365頁）1993年、
　　　増補改訂版（377頁）2000年、
　　　　北海道新聞社 前2書は犬飼哲夫先生（1897年生〜1989年没）と共著
　　　『アイヌの矢毒「トリカブト」』（147頁）2002年、北海道出版企画センター
　　　『鳥類学辞典』（共著、門崎は呼吸器を執筆）（950頁）2004年、昭和堂
　　　『野生動物調査痕跡学図鑑』（494頁）2009年、北海道出版企画センター
　　　『アイヌ民族と羆』（274頁）2016年、北海道出版企画センター

現住所
〒004-0022 札幌市厚別区厚別南3-8-22
　　　　　E-mail:kadosaki@pop21.odn.ne.jp
　　　　　URL:http://www.yasei.com/

# 北海道のヒグマ問題
## —市街地になぜ出て来るのか　他—

発　行　　2023年9月30日
著　者　　門　崎　允　昭
発行者　　野　澤　緯三男
発行所　　北海道出版企画センター
　　　　〒001-0018 札幌市北区北18条西6丁目2-47
　　　　電　話　011-737-1755　FAX　011-737-4007
　　　　振　替　02970-6-16677　URL http://www.h-ppc.com/
印刷所　　㈱北海道機関紙印刷所

ISBN978-4-8328-2302-0
© Masaaki Kadosaki, 2023 Printed in Japan

# 門﨑允昭の著作
DR.MASAAKI KADOSAKI

## 野生動物調査痕跡学図鑑　649頁、定価：5,000＋税
形態・生態などのカラー写真1,109枚を含む総合野生動物調査図鑑

## ア イ ヌ 民 族 と 羆　274頁、定価：4,000＋税
アイヌ民族の羆送り儀礼、アイヌの羆猟とその関連事象、アイヌ民族とその生活など334項目により詳述

## アイヌの矢毒　トリカブト　147頁、定価：2,300＋税
アイヌとトリカブト、トリカブトの本草学など植物学と民俗学的面から詳述

## 羆　の　実　像　　280頁、定価：2,000＋税
羆はなぜ里に出て来るのか、人身事故を防ぐには、それぞれの原因と対策を生態・形態・進化などよりヒグマの本当の姿を一書とした

北海道出版企画センター刊